·容积·

许愿药店

〔韩〕徐志源 / 著 〔韩〕安在善 / 绘 江凡 / 译

云南出版集团 晨光出版社

玫瑰花露放得最多，有
500毫升呢。最后配出来的
药水闻起来一定很香！
不对，升和毫升是
大小不一样的单位，
光比较数字是不对的。

阿乐正在配制能许愿的药水。

配制药水最重要的就是配料的量要准确无误。

那么，每种配料阿乐各放了多少呢？

阿乐在一个普普通通的小镇生活。

这里和别的小镇一样，既有学校，也有邮局，还有游乐园和银行。

但是，有一个地方是别的小镇都没有的，那就是“许愿药店”。

别的小镇的居民去药店是因为生病要买药，而这座小镇的人们会为了许愿去药店。

原来，许愿药店的药剂师许愿婆婆会配制一种可以帮人们实现各种愿望的药水。

은행
许愿药店

有一天，阿乐来到了许愿药店。

“您好，请问这里是许愿药店吗？”

“没错，你有什么愿望呢？”许愿婆婆带着慈祥的笑容问道。

“请问……这里有能让人变得幸福的药水吗？”

“想要变得幸福，根本不需要药水。你愿意先在我这里帮忙配制药水吗？说不定你就会发现能变得幸福的方法了。”

听了许愿婆婆的话，阿乐点了点头。

“咕咕，咕咕！”

每当看到有人进来，门口的猫头鹰就会叫起来。

两个长得一模一样的双胞胎兄弟走进了药店。

可是他俩的身高差别非常大。

哥哥的个子特别高，头都快顶到天花板上了，弟弟的个头却还没哥哥的一半高。

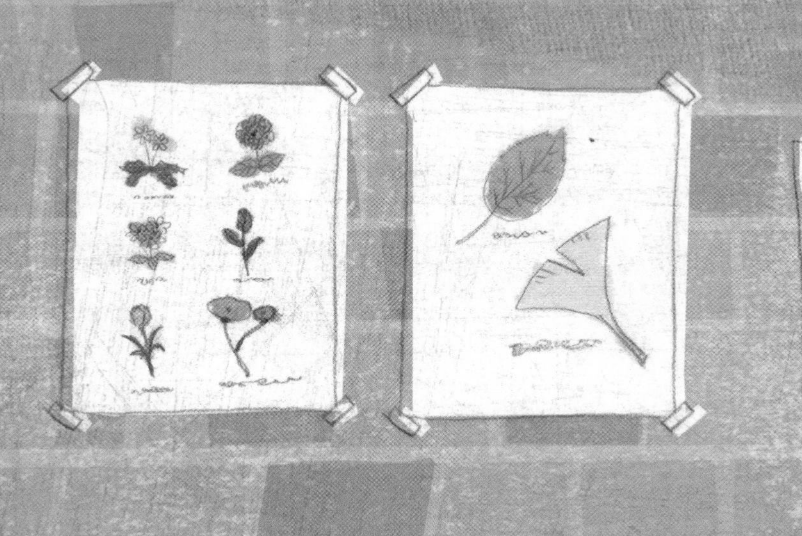

“因为身高问题，我们兄弟俩有很多不方便的地方。如果哥哥能变矮一些，我能长高一些就好了。”

“这并不难。”许愿婆婆边说边打开柜子，里面装满了各种各样的药材。

许愿婆婆把选好的药材倒进一个大缸里，然后“呼呼”地搅拌起来。

“对了，差点儿忘了最重要的玫瑰花露。”

许愿婆婆给了阿乐一个瓶子，对她说：“从那边的楼梯下去，有一个仓库。你到仓库里去，用这个瓶子装一瓶玫瑰花露带回来好吗？”

阿乐飞快地跑到仓库里，装了满满一瓶玫瑰花露，然后小心翼翼地端着瓶子回来，递给了许愿婆婆。

“装了满满一瓶，做得不错。”许愿婆婆说着，把玫瑰花露倒进了容器里。

原本没有颜色的药水渐渐变成了紫红色。

“大个子变矮、小个子变高的药水配好啦！”

许愿婆婆把配制好的药水分别倒进了两个瓶子里。

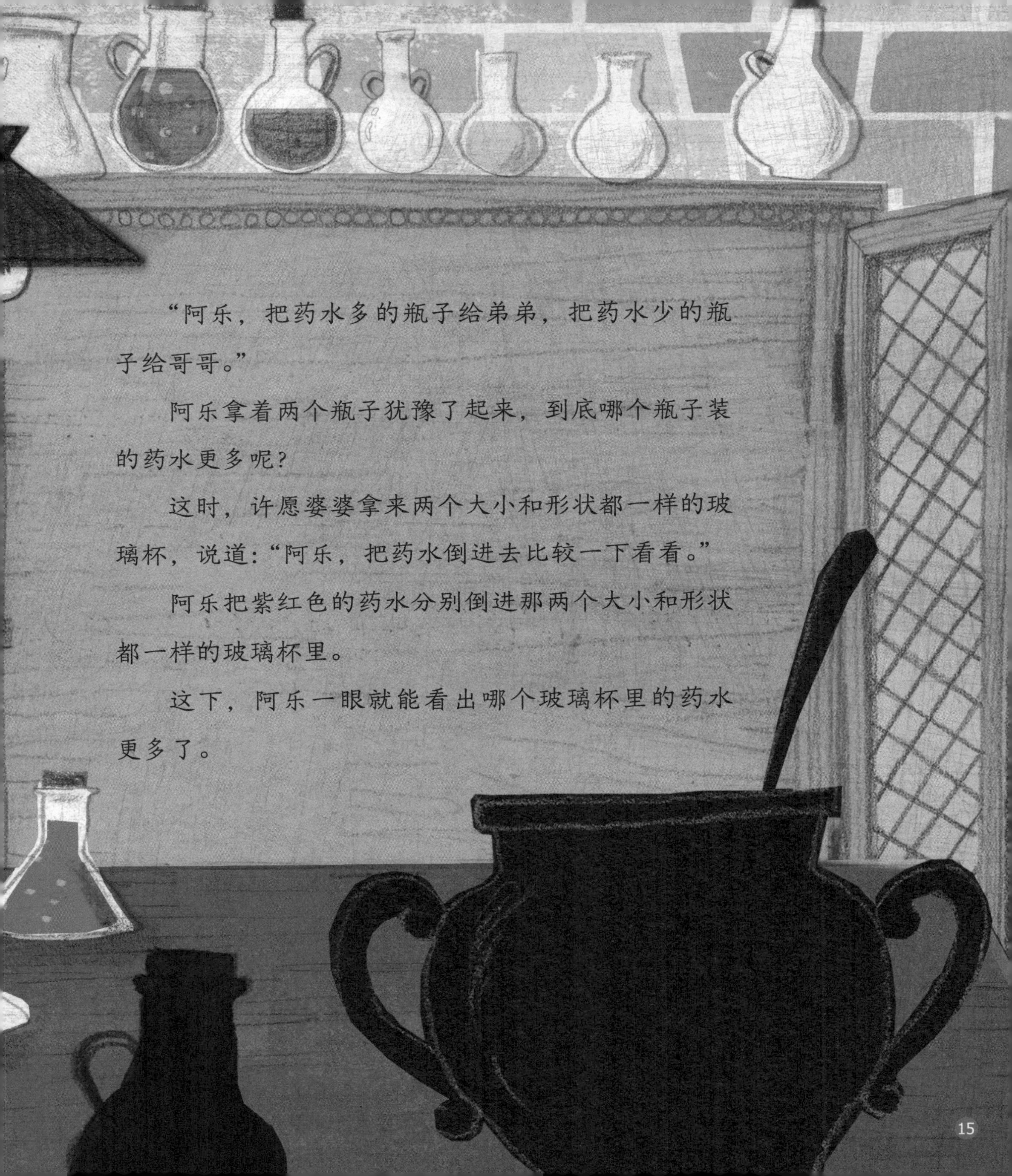

“阿乐，把药水多的瓶子给弟弟，把药水少的瓶子给哥哥。”

阿乐拿着两个瓶子犹豫了起来，到底哪个瓶子装的药水更多呢？

这时，许愿婆婆拿来两个大小和形状都一样的玻璃杯，说道：“阿乐，把药水倒进去比较一下看看。”

阿乐把紫红色的药水分别倒进那两个大小和形状都一样的玻璃杯里。

这下，阿乐一眼就能看出哪个玻璃杯里的药水更多了。

阿乐将两杯药水分别递给了哥哥和弟弟。

哥哥“咕咚咕咚”地喝光了药水。

弟弟看哥哥喝完了，也一口喝下了药水。

只听“砰”的一声！

哥哥“唰”地变矮了，弟弟的个头也一下子变高了。

身高变得一模一样的兄弟俩脸上乐开了花。

看着双胞胎兄弟高兴的样子，阿乐也非常开心。

不知不觉，太阳下山了，天渐渐黑了起来。

“该关门了，阿乐，我们来准备明天用的药材吧。”

许愿婆婆一边往仓库走，一边指着两个瓶子说：“这里分别装着百合花露和松树汁，你能把这两种药材都倒进那个桶里吗？”

“好的，没问题。”

“但是，要注意一点，必须放入分量相同的百合花露和松树汁。”

“百合花露的瓶子上写着1升，松树汁的瓶子上写着1000毫升*。怎样才能倒入相等的量呢？”

阿乐看了看百合花露的瓶子，又看了看松树汁的瓶子，一时不知道怎么办。

* 毫升：容积单位，用英文字母 mL 表示，1毫升等于$\frac{1}{1000}$升。

这时，阿乐突然发现箱子上有一个杯子。

“有了！用这个杯子把百合花露和松树汁轮流倒进桶里就可以了。”

倒 1 杯百合花露，倒 1 杯松树汁，倒 1 杯百合花露，倒 1 杯松树汁……

各倒了 10 次以后，两个瓶子都空了。

“百合花露和松树汁都是 10 杯的量，原来 1 升就等于 1000 毫升啊！”

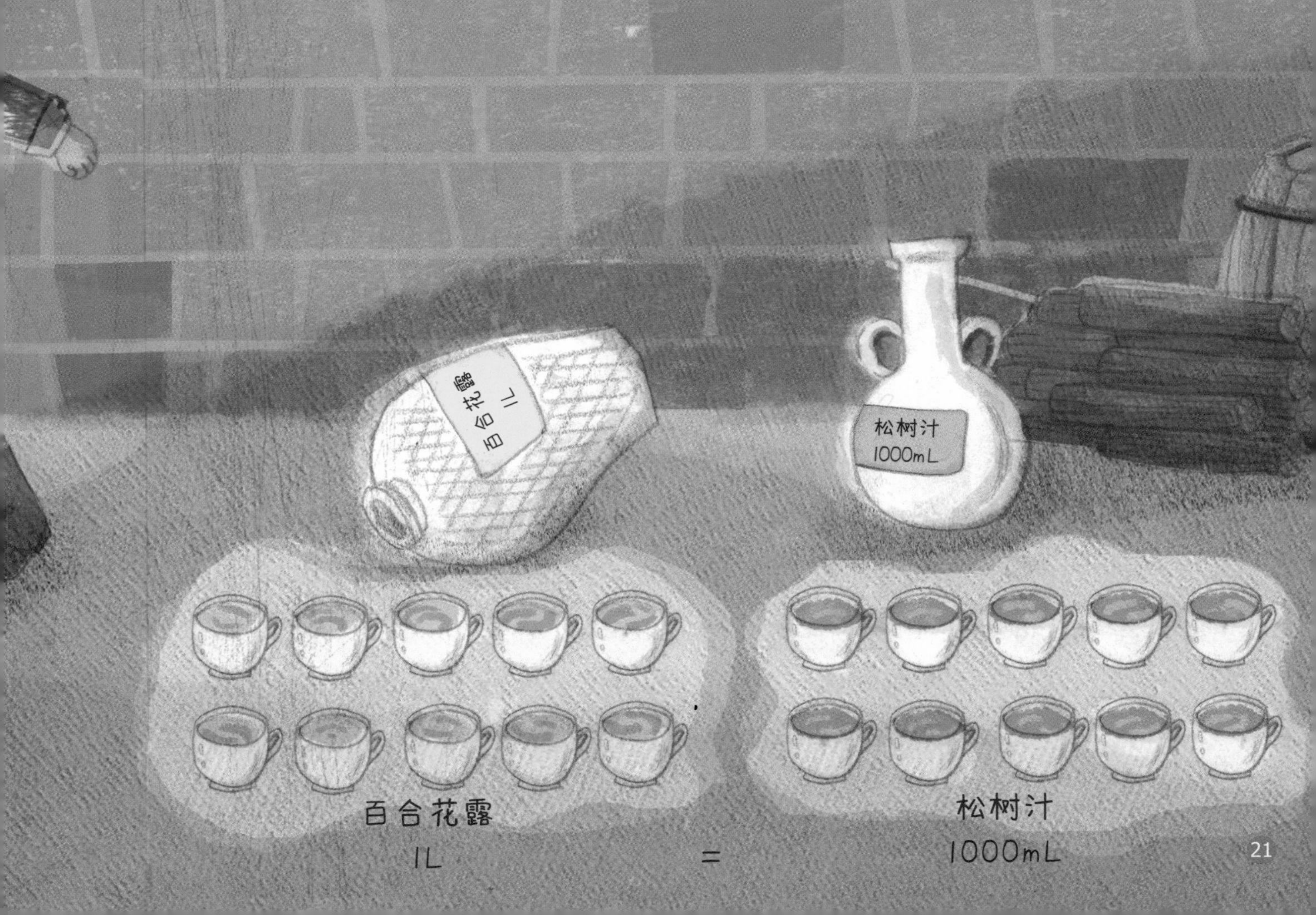

“咕咕，咕咕！”

第二天一大早，猫头鹰又大声地叫了起来。

“请问……有……有人在吗？”

一个年轻人小心翼翼地推开了药店的门。

“你想实现什么愿望呢？”许愿婆婆问道。

“我……我太缺乏勇气了，一直不敢向心爱的人表白。有没有药水能让我变得有勇气一些？”

听完年轻人的心愿，许愿婆婆手脚麻利地配起药水来。

“1 升桃汁，再兑上 500 毫升豆浆……”

“婆婆，这次让我来试试吧！”阿乐信心十足地站了出来。

“既然 1 升和 1000 毫升是一样的，那么 500 毫升就是 1 升的一半。”

“哎呀，阿乐这么快就学会啦 。”许愿婆婆满意地笑了笑。

让人变得有勇气的药水配好了。

阿乐把豆绿色的药水递给年轻人，年轻人“咕嘟咕嘟”喝下了药水。

突然，他的头发全都竖了起来，很快又落了下来。

“啊，现在我感觉自己充满了力量和勇气！”

年轻人的眼睛里绽放出自信的光芒，一直缩着的肩膀也舒展开了。

看到这一幕，阿乐心里也暖暖的。

猫头鹰又叫了起来。

一个满脸忧愁的女孩走进药店。

“我太孤独了，我想要拥有温暖的爱情。”

“这里可是许愿药店，没问题！”

许愿婆婆爽快地点了点头。

“阿乐啊，你来试着配制药水吧。”

阿乐学着许愿婆婆的样子，准确地量好药材，配出了药水。

“现在阿乐也能配制药水啦。”许愿婆婆看着阿乐配好的药水，赞不绝口。

女孩一口气喝光了阿乐递给她的药水。

突然，女孩的双脚离开了地面，她飘到了半空中，转了两圈，又落回到地面。

“我的心一下子变得温暖起来了！我好像很快就能拥有爱情了。”

女孩带着明媚的笑容，轻快地离开了药店。

看着女孩的背影，阿乐的内心充满了喜悦。

不知不觉，阿乐来到药店已经 3 个月了。

这天，猫头鹰给阿乐送来了一封信。

“许愿婆婆，勇气男孩和爱情女孩要结婚啦！”

读完信，阿乐大声地向许愿婆婆传达这个好消息。

“是吗？这可太好了！”许愿婆婆笑着问阿乐，“阿乐啊，你现在还需要能变得幸福的药水吗？”

“不用了，因为我发现在帮助别人的同时，自己也会变得幸福起来。我现在非常非常幸福！”

让我们跟阿乐一起回顾一下前面的故事吧！

我帮许愿婆婆配制许愿药水的样子很酷吧？

装在不同瓶子里的药水很难比较哪个多、哪个少，但是把它们倒进大小和形状都一样的杯子里就可以一眼看出哪个多哪个少了。为了配制药水，我还知道了 L 和 mL 都是容积单位，1L 和 1000mL 一样多。

现在，我们再来详细地学习下容积方面的知识吧。

数学面对面

认识容积

大家在举办一场喝牛奶大赛，相同的时间内喝牛奶最多的人获胜。下图中的3只杯子里原本装有同样多的牛奶，哪位选手喝得最多呢？

戴帽子的小朋友杯子里剩下的牛奶最少，所以他喝的牛奶最多，是这次喝牛奶大赛的冠军。

容积是指容器内部空间的大小，也就是一个容器能够装下多少东西。因此，如果两个容器的大小和形状都相同，那么哪个容器里液体的高度更高，哪个容器里液体的量就更多。

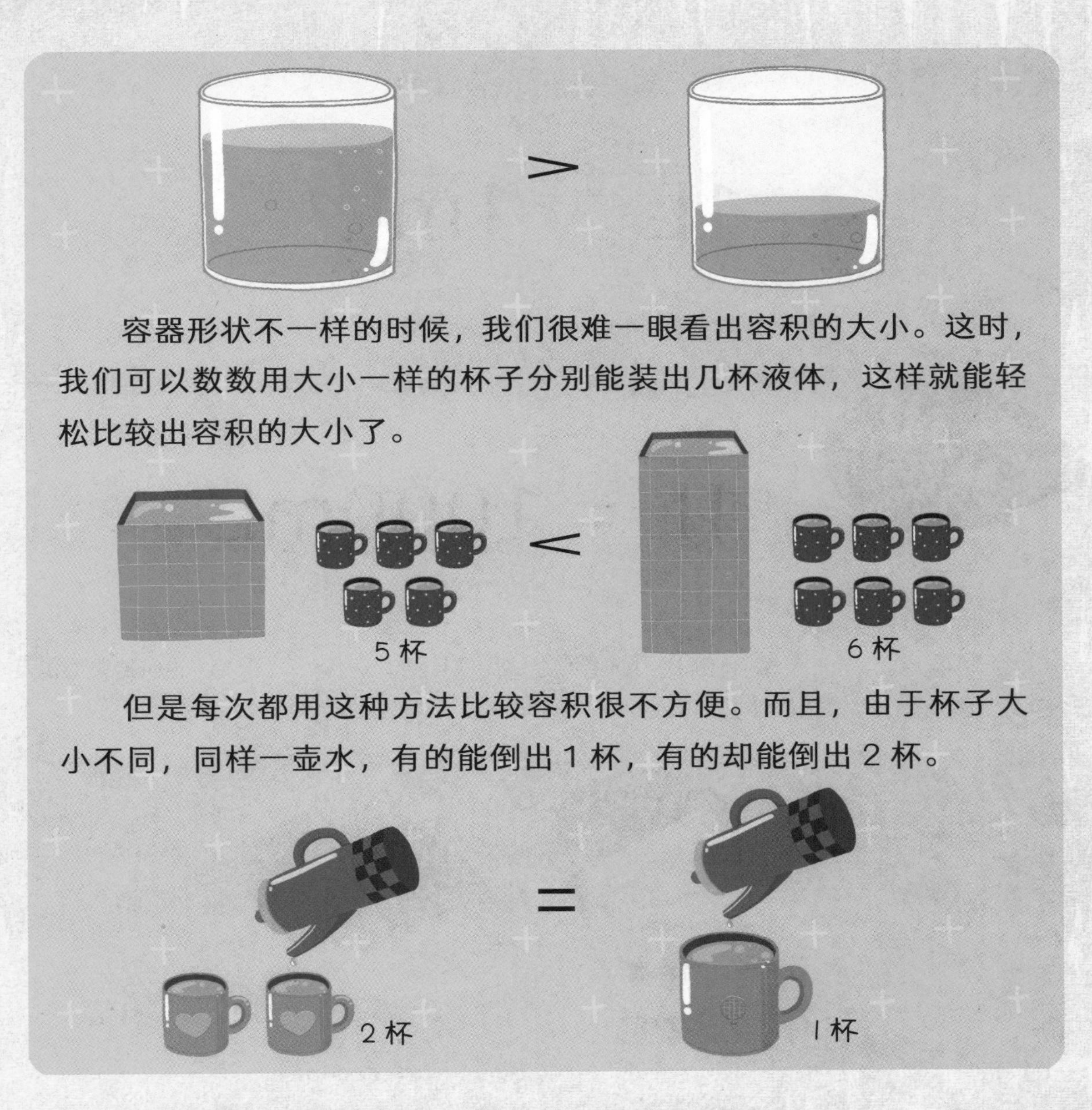

容器形状不一样的时候，我们很难一眼看出容积的大小。这时，我们可以数数用大小一样的杯子分别能装出几杯液体，这样就能轻松比较出容积的大小了。

但是每次都用这种方法比较容积很不方便。而且，由于杯子大小不同，同样一壶水，有的能倒出 1 杯，有的却能倒出 2 杯。

因此，要想准确测量容积，我们需要一个统一的单位。

小朋友们喝牛奶的时候，应该在牛奶盒上见过“1L、200mL”这样的字样，L 和 mL 就是容积的单位，分别读作“升”和“毫升”。

1 升写作 1L，1 毫升写作 1mL。

1L　1mL

升和毫升之间是什么关系呢？1 升等于 1000 毫升。

原来1毫升的1000倍就是1升呀。

1L = 1000mL

往装有 2L 水的水槽里倒进 500mL 的水，水槽里的水一共是（2000+500）2500mL。读作“2500 毫升”。

实际上，1000mL 等于 1L，因此 2500mL 就等于 2.5L。我们既可以将 L 换算成 mL，也可以将 mL 换算成 L。大家在计算的时候，不要忘记统一单位。

2 升 + 500 毫升
= 2000 毫升 + 500 毫升
= 2500 毫升

在做容积加减运算的时候，必须在相同的单位之间进行运算，即在升和升之间加减，毫升和毫升之间加减。

2 升 300 毫升 + 200 毫升 = ________毫升

先换算为相同单位： 2 升 300 毫升 = 2300 毫升
2300 毫升 + 200 毫升 = 2500 毫升

体积和容积有什么不同？

体积和容积是两个不同的计量单位。以右图的橙汁为例，体积是指装橙汁的玻璃瓶所占空间的大小，而容积指的是玻璃瓶内部空间的大小，也就是玻璃瓶里能够装下的液体，即装在瓶里的橙汁的量。因此，即使是相同体积的瓶子，如果厚度不同，厚的那个能够容纳的液体就会少，容积也会变小。

生活中的容积

我们已经了解了比较容积的方法和容积单位。下面我们一起看看容积在生活中的应用吧。

文化

与容积有关的俗语

有句古代俗语是这样说的：“升米恩，斗米仇”。意思是说，给了别人非常小的帮助，别人会感激你，可如果给人帮助太多，让人形成依赖，一旦停止帮助，反而会被人记恨。这句话里的“升”和“斗”都是中国古代的容量单位，换算成现在的单位，古代的1升约为现在的1.8L，1斗约为18L。也就是说，“1斗”是“1升”的10倍。

▲升

◀斗

“巧妇难为无米之炊”

从前，有个富人为了选儿媳妇，把村里未出嫁的女子都召集起来，给她们出了一道考题——让她们用半斗大米和1升谷子生活1个月。半斗大米相当于现在的9L，“1升”谷子也只有现在的1.8L，这根本是不可能完成的任务。果然，最后没有一个姑娘通过测验。这个故事也说明，缺乏必要的条件，再容易的事情也做不成。

科学

雨量计

下雨的时候，将雨水接到容器里，然后测量容器内雨水的高度就可以知道这场雨的降水量了。测量降水量的雨量计就是这样的工具。雨量器通常是用金属或者塑料做成的，里面一般会有一个收集雨水的漏斗和瓶子。下雨时，雨水落入桶内，通过漏斗进入瓶子里，我们就能很容易地测量降水量了。

▲雨量计

千变万化的液体

你知道吗，水能够根据容器的样子改变自身的形状。水装在圆形的容器里就变成圆形，装在三角形的容器里就变成三角形。不仅是水，只要是液体都有这个特性。生活中常见的果汁、牛奶、酱油和醋等都是液体。

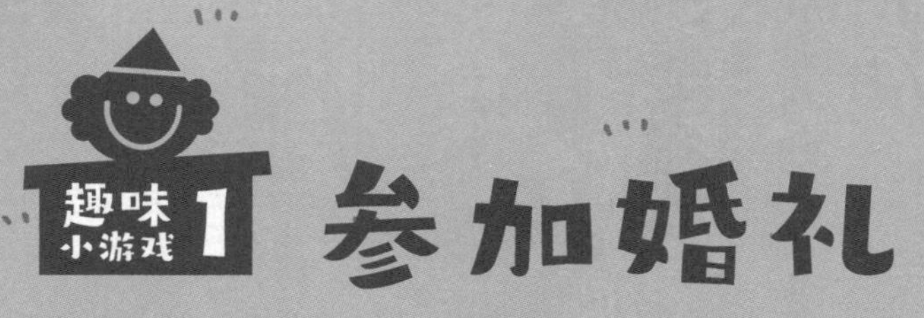

参加婚礼

许愿婆婆和阿乐要去参加勇气男孩和爱情女孩的婚礼。找出可以测量容积的物品跟着走，就能顺利到达目的地了。

哪杯饮料最多 趣味小游戏2

比萨店正在举办活动，正确挑选出哪个杯子里的饮料最多，就能获得一张比萨。我们已经知道 4 个杯子一模一样，请你比较杯子里饮料的多少，再将本页下方的比萨沿着黑色实线剪下来，贴在说法正确的那位小朋友旁边吧。

一起来喝番茄汁

阿乐递给小朋友们每人一杯100毫升的番茄汁。小朋友们喝完后还剩了一些，观察番茄汁剩下的量，圈出说得对的那个小朋友。

买药材

趣味小游戏4

许愿婆婆要去购买配制药水所需的药材。沿黑色实线剪下正确的购买券，贴在相应的位置，帮助许愿婆婆顺利买到药材吧。

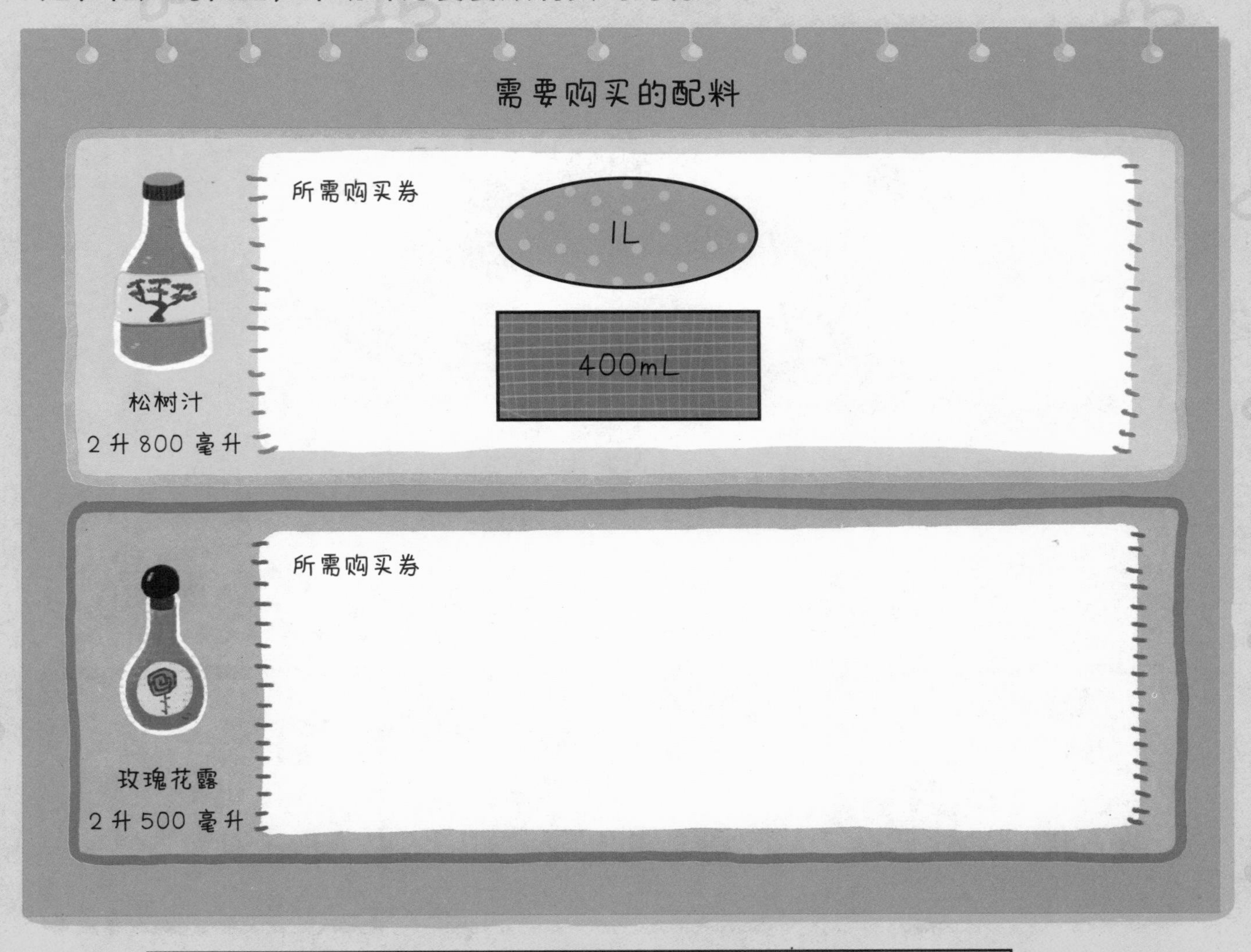

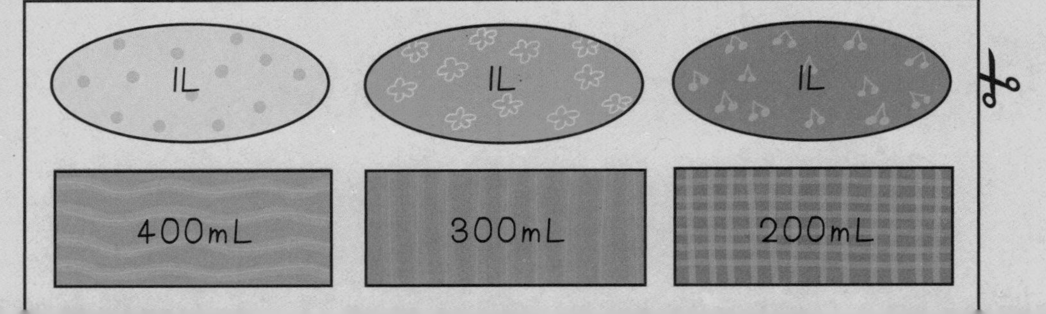

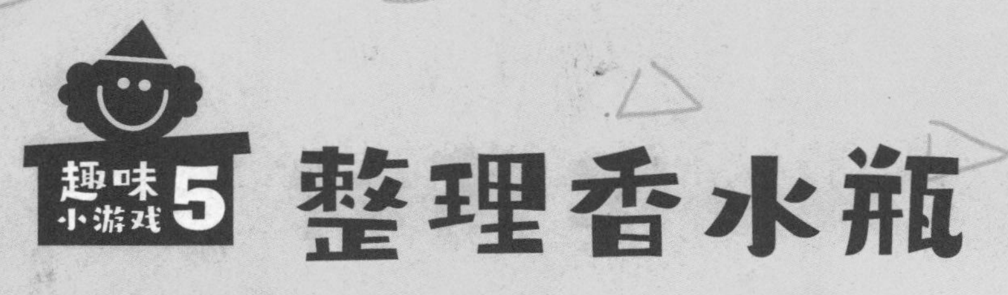

整理香水瓶

同一条线上的 3 个香水瓶的容量之和都是 1 升，将两个空瓶需要装入的香水量在下方圈出来。

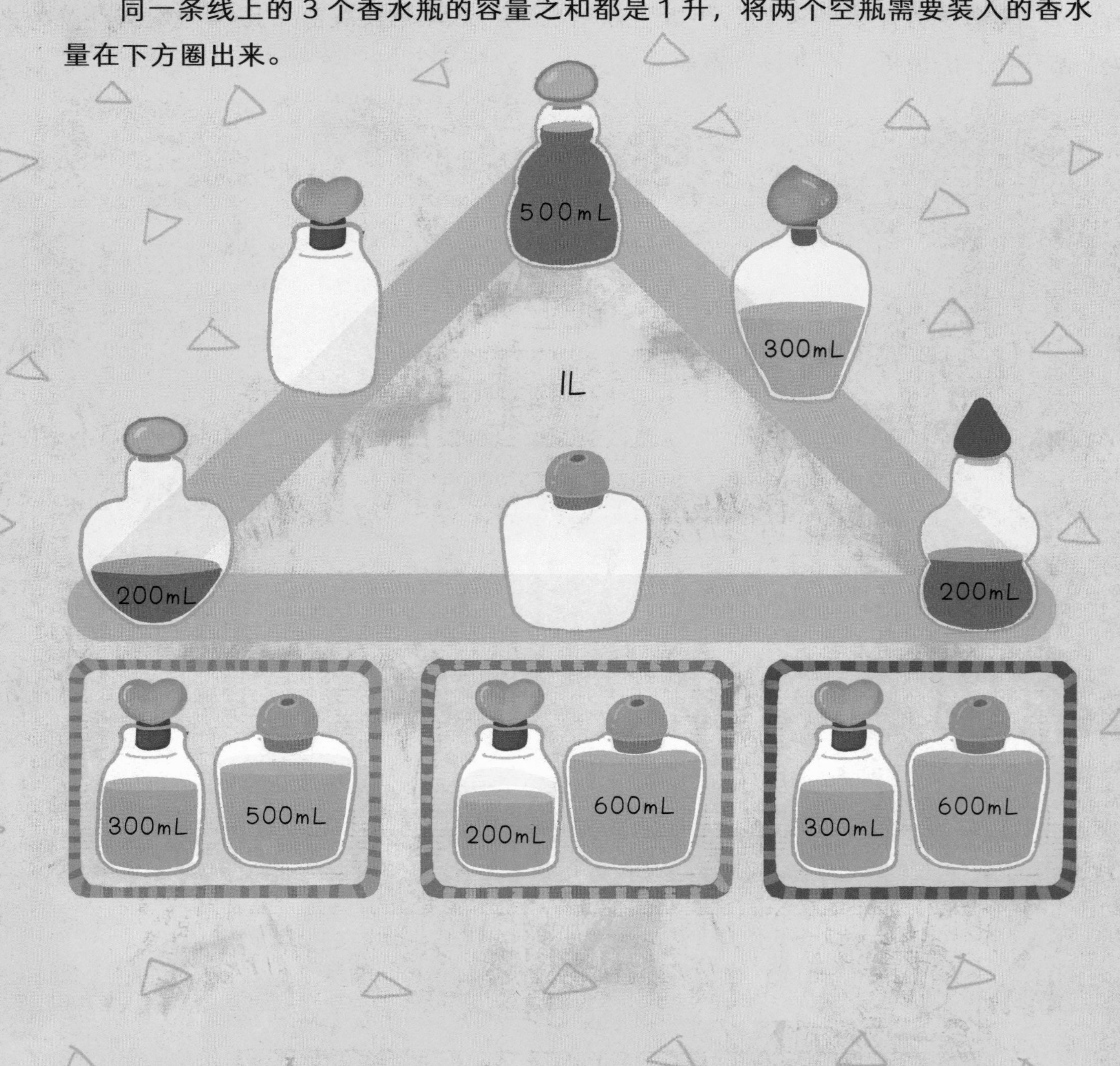

装满水桶

趣味小游戏 6

阿虎、小兔和阿狸想用 1 升、3 升和 5 升的水瓶把一个 18 升的桶装满。阅读小兔和阿狸说的话，想想还有没有其他的方法？多角度思考后，将答案写出来吧。

参考答案

42~43 页

44~45 页

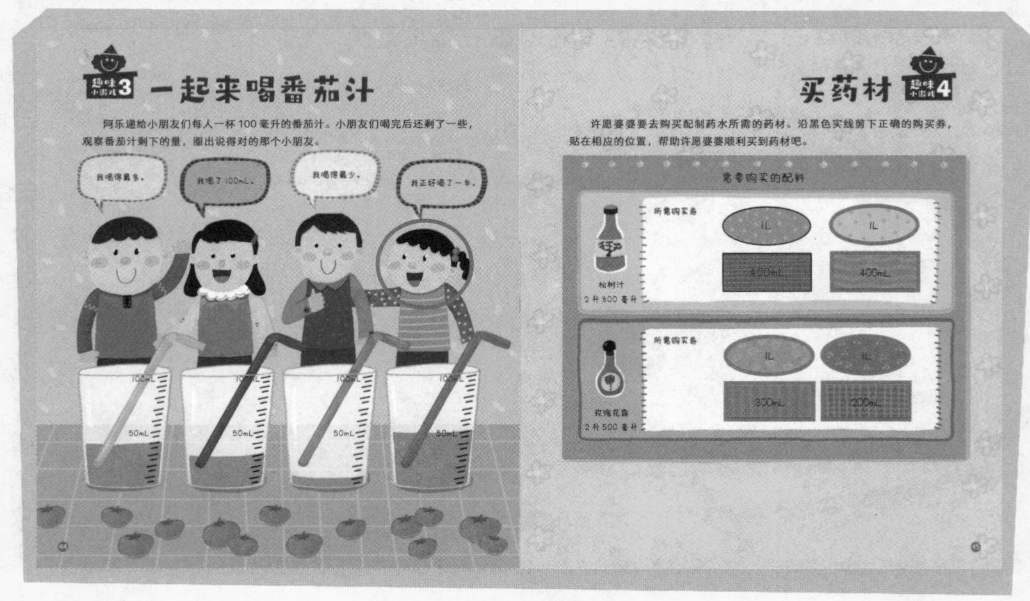